建筑业一线操作工技能培训系列用书

# 图说混凝土工

王久军　主编

U0331632

中国建筑工业出版社

**图书在版编目（CIP）数据**

图说混凝土工/王久军主编．—北京：中国建筑工业出版社，2010.12

（建筑业一线操作工技能培训系列用书）

ISBN 978-7-112-12652-1

Ⅰ.①图… Ⅱ.①王… Ⅲ.①混凝土施工-技术培训-教材 Ⅳ.①TU755

中国版本图书馆 CIP 数据核字（2010）第 229319 号

建筑业一线操作工技能培训系列用书

**图说混凝土工**

王久军 主编

＊

中国建筑工业出版社出版、发行（北京西郊百万庄）

各地新华书店、建筑书店经销

北京红光制版公司制版

北京市密东印刷有限公司印刷

＊

开本：787×1092 毫米 1/32 印张：2½ 字数：72 千字

2011 年 1 月第一版 · 2011 年 1 月第一次印刷

定价：**10.00** 元

ISBN 978-7-112-12652-1

（19924）

本书按照易读、乐读、实用、精炼的原则，以图文并茂的形式阐述了建筑工程混凝土工所需掌握的基本知识，包括：常用钢筋混凝土构件认识，混凝土常识和混凝土施工常用施工机械，混凝土的组成材料，混凝土的搅拌、运输、浇筑和养护，常用构件混凝土的浇筑以及混凝土工程检查与管理。

本书主要供刚进入和将要进入建设行业的一线建筑操作工人使用，也可作为中高职院校技能培训用书。

＊　　　＊　　　＊

责任编辑：王　磊　田启铭　马　红
责任设计：赵明霞
责任校对：张艳侠　刘　钰

# 【总　序】

近年来，党中央、国务院对解决"三农问题"和建设社会主义新农村、构建社会主义和谐社会作出了一系列重要决策和部署。到目前为止，全国大约有两亿农民工外出打工。农民工问题正越来越突出，将是解决"三农"问题的核心。党和政府在中西部欠发达地区全面开展农村劳动力转移就业培训工作。建筑业农民工总数超过 3000 万人，是解决农村富余劳动力就业的主要行业之一。提高建筑业农民工整体素质，对于保障工程质量和安全生产，促进农民增收，推动城乡统筹协调发展具有重要意义。

为了帮助刚进入和将要进入建设行业的农民工朋友尽快掌握建设行业各工种的基本知识和操作技能，丛书编委会编撰了一套建筑行业部分工种的系列用书。考虑到读者的接受能力，本套丛书按照易读、乐读、实用、精炼的原则，以施工现场实物图片等生动直观的表现形式为主，结合简练的文字说明，力求达到直观明了、通俗易懂的效果。

希望本套系列用书能成为农民工朋友的良师益友，为提高建筑业农民工整体素质和建筑工程质量贡献一份力量。

# 【 前 言 】

目前，农村富余劳动力、返乡农民工、退役士兵、进城务工以及再就业人员，已经形成了一个数量庞大的群体，其中相当一部分将通过正在实施的"阳光工程"及"温暖工程"等培训项目，进入和将要进入建设行业。为了使这部分群体尽快掌握建设行业各工种的基本知识和操作技能，我们充分考虑读者的接受能力，按照易读、乐读、实用、精炼的原则，以施工现场实物图片等生动直观的表现形式为主，编撰了一套建筑行业部分工种的系列丛书，《图说混凝土工》是其中的一本。本书也可作为中高职院校技能培训用书。

本书由唐山市建筑工程中等专业学校王久军主编，共分6章，其中第1章、第5章由唐山市建筑工程中等专业学校王久军编写，第3章、第4章由唐山市建筑工程中等专业学校刘春梅编写，第2章、第6章由唐山市建筑工程中等专业学校张利兵编写。本书图片由唐山市建筑工程中等专业学校居义杰、张绍博采集、处理。本书以图文对照的形式阐述了建筑工程中常见钢筋混凝土构件、混凝土常识和混凝土施工常用施工机械、混凝土组成材料、混凝土的搅拌、运输、浇筑和养护、常用构件混凝土浇筑、混凝土工程质量检查与管理等知识。

本书编写过程中参考了相关书籍及资料，其中主要资料已列入本书参考文献，同时也得到了中国建筑工业出版社和唐山市建筑工程中等专业学校领导的支持，在此谨向各位作者及领导表示衷心的感谢！

由于作者水平有限，书中的错误和不足之处在所难免，恳请读者提出宝贵意见。

作者

2010 年 10 月

# 【目 录】

# 第1章 常用钢筋混凝土构件认识

## 1.1 钢筋混凝土基础构件认识

1. 钢筋混凝土独立基础（图 1-1）

阶梯形独立基础浇筑前

阶梯形独立基础浇筑过程中

阶梯形独立基础拆除模板后

图 1-1 钢筋混凝土独立基础

当建筑物上部采用框架结构承重，且柱距较大时，基础常采用方形或矩形的单独基础，这种基础称为独立基础或柱式基础。常用的断面形式有阶梯形、锥形等。

2. 钢筋混凝土条形基础（图1-2）

钢筋混凝土条形基础浇筑混凝土前

钢筋混凝土条形基础浇筑混凝土后

图1-2　钢筋混凝土条形基础

当建筑物为墙承重结构时，基础沿墙身设置成长条形的基础称为条形基础。当建筑物为框架结构以柱承重时，若柱子较密或地基较弱，也可选用条形基础。

3. 筏形基础（图1-3）

当上部荷载较大，地基承载力较低，设计选用整片的筏板承受建筑物的荷载并传给地基，这种基础形似筏子，称筏形基础。

筏形基础浇筑混凝
土前

筏形基础浇筑混凝
土过程中

筏形基础浇筑混凝
土后

图 1-3 筏形基础

4. 桩基础（图 1-4）

当建筑物荷载较大，地基的软弱土层厚度在 5m 以上，基础不能埋在软弱土层内，或对软弱土层进行人工处理困难和不经济时，常采用桩基础。

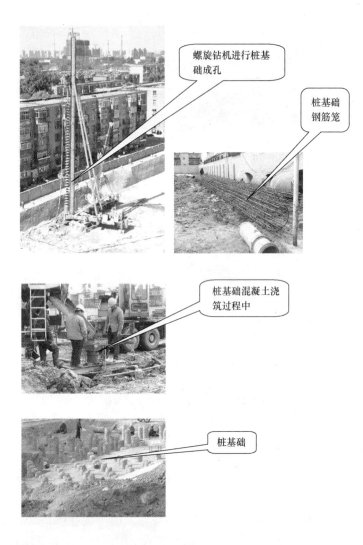

螺旋钻机进行桩基础成孔

桩基础钢筋笼

桩基础混凝土浇筑过程中

桩基础

图 1-4　桩基础

## 1.2 钢筋混凝土梁构件认识

### 1. 钢筋混凝土框架梁（图 1-5）

框架梁

框架梁钢筋

图 1-5 钢筋混凝土框架梁

框架梁是指两端与框架柱相连的梁，或者两端与剪力墙相连但跨高比不小于 5 的梁。

### 2. 钢筋混凝土连系梁（图 1-6）

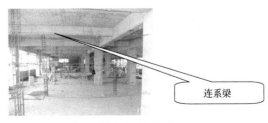

连系梁

图 1-6 连系梁

连系梁也称系梁，是将结构构件相互拉结以增强结构整体性的梁或构件。

3. 钢筋混凝土楼梯平台梁（图1-7）

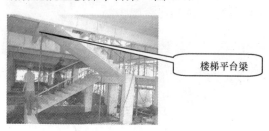

楼梯平台梁

楼梯平台梁钢筋

图1-7　楼梯平台梁

板式楼梯中位于平台板处的梁。

4. 钢筋混凝土圈梁、过梁

砌体结构房屋中，在砌体内沿水平方向设置封闭的钢筋混凝土梁，称为圈梁（图1-8）。

当墙体上开设门窗洞口时，为了支撑洞口上部砌体所传来的各种荷载，常在门窗洞口上设置横梁，该梁称为过梁（图1-9）。

钢筋混凝土地圈梁钢筋

现浇钢筋混凝土圈梁

图 1-8　钢筋混凝土圈梁

现浇钢筋混凝土过梁

图 1-9　钢筋混凝土过梁

## 1.3 钢筋混凝土柱构件认识

### 1. 钢筋混凝土框架柱（图 1-10）

框架柱钢筋

模板拆除后的框架柱

图 1-10 钢筋混凝土框架柱

框架柱就是在框架结构中承受梁和板传来的荷载，并将荷载传给基础，是主要的竖向受力构件。

### 2. 钢筋混凝土构造柱（图 1-11）

在多层砌体房屋墙体的规定部位，或钢筋混凝土结构填充墙中，按构造配筋，并按先砌墙后浇灌混凝土柱的施工顺序制成的混凝土柱，通常称为混凝土构造柱，简称构造柱。

构造柱钢筋

浇筑后的构造柱

填充墙中构造柱钢筋

填充墙中构造柱

图 1-11　构造柱

## 1.4 钢筋混凝土剪力墙构件认识

剪力墙又称抗震墙、结构墙。房屋或构筑物中主要承受风荷载或地震作用引起的水平荷载的墙体，防止结构剪切破坏（图1-12）。

图1-12 钢筋混凝土剪力墙

## 1.5 钢筋混凝土现浇板构件认识

现浇板是相对于预制板来说的，现浇板是指在现场搭好模板，在模板上安装好钢筋，再在模板上浇筑混凝土，然后再拆除模板后形成的构件（图1-13）。

现浇楼板钢筋

现浇楼板混凝土浇筑

图 1-13　现浇楼板

## 1.6　钢筋混凝土楼梯构件认识

楼梯是联系房屋上下各层的垂直交通设施。

现浇钢筋混凝土板式楼梯

图 1-14　板式楼梯

# 第2章 混凝土常识和混凝土施工常用施工机械

## 2.1 混凝土基本性质及分类

1. 混凝土基本性质：混凝土是由胶凝材料、水、粗骨料、细骨料（图 2-1），必要时掺入化学外加剂和矿物混合

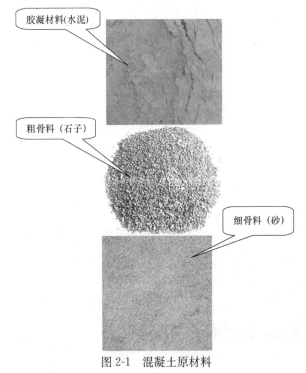

图 2-1 混凝土原材料

材料，按适当比例配合，经过均匀拌制、密实成型和一定时间养护硬化而成的人造石材。

2. 混凝土基本分类（按表观密度）：

（1）重混凝土：干表观密度大于 2600kg/m³，是用特别密实和特别重的骨料（如重晶石、钢屑等）及重水泥（如钡水泥、锶水泥等）配制而成。它具有不透 x 射线和 γ 射线的性能，又称防辐射混凝土，主要用作核能工程的屏蔽结构材料。

（2）普通混凝土（图 2-2）：干表密度 1950～2600kg/m³，是用天然砂石为骨料制成的。这类混凝土在土建工程中常用，如房屋及桥梁的承重结构，道路的路面等。

普通混凝土

图 2-2　普通混凝土

（3）轻混凝土：干表密度小于 1950kg/m³，它又可分为三大类：轻骨料混凝土、多孔混凝土、大孔混凝土。

## 2.2　混凝土拌合物的性质

### 1. 混凝土拌合物的工作性

工作性是指混凝土拌合物在一定施工条件下，便于施工操作并能获得质量均匀、成型密实的性能，它包括流动性、黏聚性和保水性。

流动性是指混凝土拌合物在自重或机械振捣作用下，能产生流动，并均匀密实地填满模板的性能。

黏聚性是指混凝土拌合物在施工过程中各组成材料之间具有一定的黏聚力，不至于产生分层和离析现象，使混凝土保持整体均匀的性能。

保水性是指混凝土拌合物在施工过程中，具有一定的保持水分不流动的能力，不至于产生严重的泌水现象。

2. 工作性的测定和坍落度的选择

工作性的测定：混凝土拌合物工作性的内涵比较复杂，目前，尚没有能够全面反映混凝土拌合物工作性的测定方法。通常采用坍落度和维勃稠度来测定混凝土拌合物的流动性，并辅以直观经验来评定黏聚性和保水性，以评定工作性。

（1）坍落度法（图 2-3）：其测定方法是将混凝土拌合物按规定方法分三层装入标准圆锥坍落度试筒内，每层插捣 25 次，装满刮平后，垂直向上将筒提起，移到一旁，混凝土拌合物因自重将会产生坍落现象。然后量出向下坍落的尺寸就叫坍落度，作为流动性指标。坍落度越大，表示流动性越大。

在测完坍落度后，用捣棒轻击拌合物锥体侧面，观察混凝土拌合物的黏聚性。若锥体逐渐下沉，呈正常坍落型，表明黏聚性良好；若锥体倒塌、部分崩溃或出现离析现象，则表明黏聚性不好。若试验中发现锥体底部有较多的稀浆流出，说明保水性不佳。

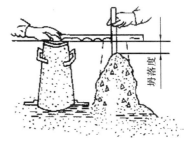

图 2-3　坍落度试验示意图

（2）维勃稠度法（图 2-4）：在坍落度筒中按规定方法装满拌合物，提起坍落度筒，在拌合物试体顶面放一透明圆盘，开启振动台，同时用秒表计时，当振动到透明圆盘的底面被水泥浆布满的瞬间停止计时，并关闭振动台，此时可认为混凝土拌合物已密实，所读秒数，称为维勃稠度。

维勃稠度仪

图 2-4  维勃稠度仪

## 2.3  混凝土硬化后的性质

混凝土的强度

（1）立方体抗压强度：

根据国家标准制作的边长为 150mm×150mm×150mm 的标准立方体试块（图 2-5），在标准条件（温度 20±3℃，相对湿度 90% 以上的湿润环境）养护到 28d 龄期，测得的抗压强度值为混凝土立方体抗压强度。

（2）影响混凝土强度的因素：

1）水泥强度和水灰比：是影响混凝土强度的最主要因素。在水灰比一定的条件下水泥强度愈高，制成的混凝土强度也愈高；在水泥强度相同的情况下，混凝土的强度主要取决于水灰比，水灰比愈小，水泥石的强度愈高，与骨料粘结力也愈大，混凝土强度就愈高。但应说明，如果水灰比小、拌合物过于干硬，在一定的捣实成型条件下，混凝土不能被振捣密实，出现较多的蜂窝、孔洞，反而会导致混凝土强度下降。

标准立方体试块

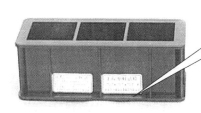

150立方体混凝土抗压试模

图 2-5　混凝土立方体试块

2）骨料：粗骨料的强度一般都比水泥石的强度高，因此骨料的强度一般对混凝土强度几乎没有影响。当骨料级配良好、砂率适当时，有利于混凝土强度的提高。

3）温度和湿度：是影响水泥水化速度和程度的重要因素。温度升高，水泥水化速度加快，混凝土的强度发展也相应迟缓；周围环境的湿度对水泥的水化作用能否正常进行有显著影响，湿度适当，水泥水化就能顺利进行，使混凝土强度得到充分发展；若湿度不够，水泥水化作用就不能正常进行，甚至停止水化，这不仅会严重降低混凝土的强度，而且使混凝土结构疏松，掺水性增大或形成干缩裂缝，从而影响耐久性。

4）龄期：在正常养护条件下，混凝土的强度随着龄期的增长而逐渐提高。

（3）提高混凝土强度和促进混凝土强度发展的措施：

1）采用高强度水泥和快硬性早强类水泥。

2）采用干硬性混凝土。

3）采用湿热处理。

4）采用机械搅拌和机械振捣（图2-6）。

图 2-6　机械振捣

5）掺入混凝土外加剂、掺合料（图2-7）：

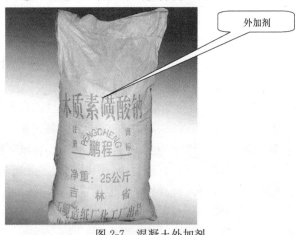

图 2-7　混凝土外加剂

建筑业一线操作工技能培训系列用书

## 2.4　混凝土试块的留置

1. 同条件养护试块留置

同条件养护系指试块和实体混凝土构件在同样温度、湿度环境下进行养护，作为构件的拆模、出池、出厂、吊装、张拉、放张、临时负荷和继续施工及结构验收的依据。

同条件养护试块的留置组数应根据实际需要确定。

同条件养护试块

图 2-8　混凝土同条件养护试块

2. 标准养护试块留置

标准养护系指试块在温度为 $20\pm3$℃、相对湿度在 90％以上的环境中养护。当无标准养护室时，混凝土试件可在温度为 $20\pm3$℃的不流动水中养护。水的 pH 不应小于 7。在标准条件下养护 28d 的强度，作为混凝土强度验收评定的依据。

标准养护试块的留置应符合下述规定：

（1）每拌制 100 盘且不超过 100m³ 的同配合比的混凝土，取样不得少于一次；

（2）每工作班拌制的同一配合比的混凝土不足 100 盘时，取样不得少于一次；

（3）当一次连续浇筑超过 100m³ 时，同一配合比的混凝土每 200m³ 取样不得少于一次；

（4）每一楼层、同一配合比的混凝土，取样不得少于一次；

（5）每次取样应至少留置一组标准养护试块。

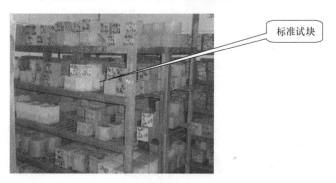

标准试块

图 2-9　混凝土标准养护试块

## 2.5　混凝土搅拌机

1. 搅拌机的种类

（1）自落式搅拌机

自落式混凝土搅拌机（图 2-10）由内壁装有叶片的旋转鼓筒组成，叶片不断地把混合料向上提升和抛下，因重骨料自由下落时具有较大动能，故能与其他成分均匀混合。

（2）强制式搅拌机

图 2-10 自落式混凝土搅拌机

强制式混凝土搅拌机（图 2-11）是靠搅拌盘内旋转的叶片对混合料产生剪切、挤压、翻转和抛出等多种作用的组合进行搅拌，故搅拌强烈、均匀，生产率高。

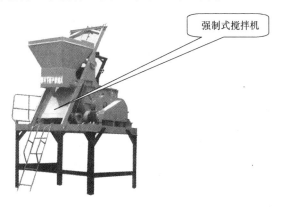

图 2-11 强制式混凝土搅拌机

## 2. 搅拌机的机型及技术性能

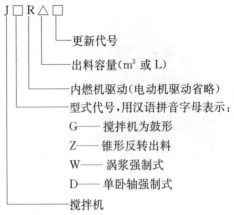

J □ R △ □

更新代号

出料容量（m³ 或 L）

内燃机驱动（电动机驱动省略）

型式代号，用汉语拼音字母表示：

G —— 搅拌机为鼓形

Z —— 锥形反转出料

W —— 涡浆强制式

D —— 单卧轴强制式

搅拌机

3. 搅拌机的维护与保养

（1）四支撑脚应同时支撑在地面上，机架应调至水平，底盘与地面之间应用枕木垫牢，使其稳固，进料斗落位处应铺垫草袋，避免进料斗下落撞击地面而损坏。

（2）使用前应检查各部分润滑情况及油嘴是否通畅，并加注润滑油脂。

（3）水泵内应加足引水，供电系统线头应牢固安全，并应接地。

（4）开机前应检查传动系统是否运转正常，制动器、离合器性能是否良好，钢丝绳如有松散或严重断丝应及时收紧或更换。

（5）停机前，应倒入一定量的石子和清水，利用搅拌筒的旋转，将筒内清洗干净，并倒出石子和水。停机后，机具各部分应清扫干净，进料斗平放地面，操作手柄置于脱开位置。

（6）如遇寒冷气候时，应将配水系统的水放尽。

（7）下班离开搅拌机时应切断电源，并将开关箱锁上。

## 2.6 混凝土运输机具

混凝土的运输机具的种类繁多，一般分为间歇式运输机具（如手推车、自卸汽车、机动翻斗车、搅拌运输车，各种类型的井架、桅杆、塔吊及其他起重机械等）和连续式运输机具（如皮带运输机、混凝土泵等）两类，可根据施工条件进行选用（图 2-12）。

机动翻斗车

自卸汽车

混凝土搅拌运输车

图 2-12 混凝土运输机具（一）

井架运输机

塔式起重机

图 2-12　混凝土运输机具（二）

## 2.7　混凝土振动器

　　混凝土浇入模板时是疏松的，需经密实成型才能赋予混凝土制品或结构一定的外形和强度、抗冻性、抗渗性及耐久性。

　　混凝土振动机械按其工作方式不同，可分为内部振动器、表面振动器、外部振动器和振动台。

　　1. 内部振动器（图 2-13）

　　内部振动器又称插入式振动器，型式很多，有硬管的、软轴的，振头又有锤式、棒式和片式，常用以振实梁、柱、墙等平面尺寸较小而深度较大的构件和体积较大的混凝土。

　　使用插入式振动器的操作要点是："直上直下、快插慢

一般每点振捣时间为 20～30s，以振至混凝土不再沉落，气泡不再出现，表面开始泛浆并均匀水平为可。

图 2-13　内部振动器

拔；插点要均匀，切勿漏点插；上下要抽动，层层要扣搭；时间掌握好，密实质量佳；操作要细心，软管莫小曲；不得碰模板，半凝不擦筋；用上 200 时，黄油加一遍；振动半小时，停歇 5 分钟"。

为了保证每一层混凝土上下振捣均匀，故应将振动棒上下来回抽动 5～10cm。为了保证上下层混凝土结合密实，还应将振动棒深入下一层混凝土中 5cm 左右。

2. 附着式振动器（图 2-14）

附着式振动器又称外部振

图 2-14　附着式振动器

动器。这种振动器是固定在模板外侧的横档或竖档上，偏心块旋转时所产生的振动力通过模板传给混凝土，使之振实。其振动深度，最大约为 30cm 左右，仅适用于钢筋密集、断面尺寸小于 25cm 的构件。在一般情况下，可以每隔 1～1.5m 离距设置一个振动器。振动时，当混凝土成一水平面，且不出现气泡时，即可停止振动。

3. 表面振动器（图2-15）

图 2-15 表面振动器

表面振动器又称平板振动器，它是将电动机轴上装有左右两个偏心块的振动器固定在一块平板上而成，其振动作用可直接传递于混凝土面层上。这种振动器适用于振实楼板、地面、板形构件和薄壳结构。在无筋或单层钢筋的结构中，每次振实厚度不大于 25cm；在双层钢筋的结构中，每次振实的厚度不大于 12cm。振实工作应相互搭接 30～50mm，最后进行两遍，第一遍和第二遍的方向要相互垂直、第一遍主要使混凝土密实，第二遍则使其表面平整。

## 2.8 混凝土搅拌站

混凝土搅拌站是生产商品混凝土的主要设备，具有搅拌混凝土匀质性好、生产效率高、粉尘浓度和噪声较低、物料计量准确度较高、机械化和自动化程度较高的特点。混凝土搅拌站主要由搅拌主机、物料称量系统、物料输送系统、物料贮存系统和控制系统等 5 大系统和其他附属设施组成（图2-16）。

图 2-16　混凝土搅拌站

## 2.9　混凝土输送泵

混凝土大型输送装备主要用于高楼、高速公路、立交桥等大型混凝土工程的混凝土输送工作。由泵体和输送管组成。按结构形式分为活塞式、挤压式、水压隔膜式。泵体装在汽车底盘上，再装备可伸缩或屈折的布料杆，就组成泵车。种类分为拖式混凝土泵（图 2-17）和汽车泵。

图 2-17　拖式混凝土泵

# 第3章 混凝土的组成材料

普通混凝土的基本组成材料是水泥、水、砂和石子，必要时掺入适量的外加剂和掺合料。砂、石在混凝土中起骨架作用，故称为骨料（或称集料）。水泥和水形成水泥浆，包裹在砂粒表面并填充砂粒间的空隙而形成混凝土。在硬化前水泥浆起润滑作用，赋予混凝土一定的和易性，便于施工。水泥浆硬化后，起胶结作用，把砂石骨料胶结成一个整体，并产生强度。

## 3.1 水 泥

水泥在建筑工程中应用十分广泛，是三大主要建筑材料之一。在建筑工程中，水泥常用于拌制砂浆和混凝土，也常用于灌浆材料。水泥按其用途和特性分类：通用水泥、专用水泥和特性水泥。

1. 通用水泥是指目前建筑工程中常用的六大水泥

（1）硅酸盐水泥

硅酸盐水泥国外统称为波特兰水泥，其代号为 P. Ⅰ 及 P. Ⅱ；强度等级有 42.5、42.5R、52.5、52.5R、62.5、62.5R 等六个等级。硅酸盐水泥早期及后期强度均较高，低温环境下（10℃以下）强度增长比其他水泥快，抗冻耐磨性能好；但水化热较高，耐硫酸盐、碱类、酸类等化学腐蚀性差，耐水性差。

（2）普通硅酸盐水泥（图 3-1）

图 3-1　普通硅酸盐水泥

普通硅酸盐水泥，其代号为 P.O；其强度等级有 32.5、32.5R、42.5、42.5R、52.5、52.5R、62.5、62.5R 等八级。普通硅酸盐水泥除早期强度比硅酸盐水泥稍低外，其他性质接近硅酸盐水泥。

（3）矿渣硅酸盐水泥（图 3-2）

图 3-2　矿渣硅酸盐水泥

矿渣硅酸盐水泥其代号为 P.S；强度等级同普通硅酸盐水泥。矿渣硅酸盐水泥的特点是早期强度较低，低温环境中强度增长较慢，但后期强度增长快，水化热较低，抗硫酸盐腐蚀性强，耐热性、耐水性较好，但干缩变形较大，和易性较差，析水性较大，抗冻、耐磨性较差。

　　（4）火山灰质硅酸盐水泥（图3-3）

火山灰质硅酸盐水泥

图3-3　火山灰质硅酸盐水泥

　　火山灰质硅酸盐水泥其代号为 P.P；强度等级同普通硅酸盐水泥。火山灰质硅酸盐水泥其特点是早期强度较低，低温环境中强度增长较慢，但在高温潮湿环境中（如蒸养养护）强度增长较快，水化热低，抗硫酸盐类腐蚀性较好，但干缩变形较大、析水性较大、耐磨性较差。

　　（5）粉煤灰硅酸盐水泥（图3-4）

　　粉煤灰硅酸盐水泥其代号为 P.F；强度等级同普通硅酸盐水泥。其特点是早期强度较低，水化热比火山灰水泥还低，和易性比火山灰水泥要好，干缩性也较小，抗腐蚀性能好，但抗冻、耐磨性较差。

　　（6）复合硅酸盐水泥（图3-5）

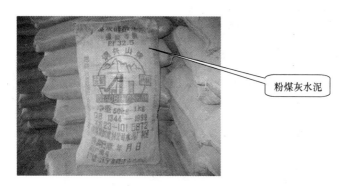

图 3-4　粉煤灰硅酸盐水泥

图 3-5　复合硅酸盐水泥

其代号为 P.C；强度等级同普通硅酸盐水泥。复合硅酸盐水泥的特点介于普通水泥与火山灰水泥、矿渣水泥、粉煤灰水泥之间。

2. 专用水泥指有专门用途的水泥，如砌筑水泥（图3-6）。

3. 特性水泥指有比较特殊性能的水泥，满足紧急抢修、冬季施工、加固结构、建筑装饰、海港和地下工程特殊要求

图说混凝土工

砌筑水泥

图 3-6　砌筑水泥

而生产的具有比较突出性能的水泥如快硬硅酸盐水泥（图 3-7）。

快硬硅酸盐水泥

图 3-7　快硬硅酸盐水泥

（1）快硬硅酸盐水泥：其特点为凝结硬化快，初凝时间不早于 45min，终凝时间不迟于 10h，早期强度增长较快，但易受潮变质，运输和储存时应特别注意防潮。自出厂日期起超过一个月的快硬水泥就应重新检验，合格后方可使用。

（2）快凝快硬硅酸盐水泥：其特点是凝结很快，常温下只需几分钟，其初凝时间不得早于10min，终凝时间不得迟于60min，12h即可达到标准强度。

## 3.2  粗骨料、细骨料

骨料是混凝土和砂浆的重要组成部分，起骨架、填充作用。普通混凝土用骨料包括砂子和石子。砂子称为细骨料，石子称为粗骨料。砂、石构成的坚硬骨架可承受外荷载作用，并兼有抑制水泥浆干缩的作用。

砂按其来源可分为天然砂和人工砂，天然砂是由自然条件作用而形成粒径在5mm以下的石屑，按产地分为河砂、海砂及山砂。人工砂是岩石经破碎筛选而成的，人工砂多棱角，有利于混凝土的内部构造，较受欢迎。按砂的粒径可分为粗砂、中砂和细砂（图3-8）。

人工砂

图3-8　人工砂

石子又称粗骨料，在混凝土中主要起骨架作用。普通混凝土所用的石子可分为碎石和卵石。人工碎石比较粗糙、颗粒有棱角，与水泥粘结牢固（图3-9）；卵石表面光滑、少棱角、比较洁净（图3-10）。

碎石

图 3-9　碎石

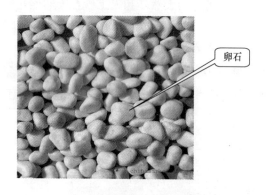

卵石

图 3-10　卵石

## 3.3　水

一般符合国家标准的生活饮用水，可直接用于拌制各种混凝土。地表水和地下水首次使用前，应按有关标准进行检验后方可使用。

## 3.4　外　加　剂

混凝土外加剂是在混凝土拌合过程中掺入的，并能按要求改善混凝土性能的材料。除特殊情况外，掺量一般不超过水泥用量的 5%。目前在工程中常用的外加剂主要有减水剂、引气剂、早强剂、缓凝剂、防冻剂（图 3-11）。

减水剂

早强剂

图 3-11　外加剂

## 3.5　掺　合　料

在混凝土中掺加一些天然或人工的矿物混合成材料，可改变一些混凝土的性能。粉煤灰为最易供应、用途最广的掺合料。常用于泵送混凝土、大体积混凝土、抗硫酸盐和软水侵蚀的混凝土。

# 第4章 混凝土的搅拌、运输、浇筑和养护

## 4.1 混凝土的搅拌

混凝土的拌制是指将各种组成材料（水、水泥、粗细骨料）进行均匀拌合及混合的过程，通过搅拌，使材料达到强化、塑化的作用。

1. 混凝土的搅拌时间

混凝土搅拌时间是指从原材料全部投入搅拌筒时起，到开始卸料为止所经历的时间。从原料全部投入搅拌机筒时起通过充分搅拌，应使混凝土的各种组成材料混合均匀，颜色一致。搅拌时间随搅拌机的类型及混凝土拌合料和易性的不同而异。在生产中应根据实际要求规定合适的搅拌时间。搅拌时间过短，混凝土拌合不均匀，强度和和易性下降；搅拌时间过长，不但降低搅拌的生产效率，而且不坚硬的粗骨料在大容量搅拌机中会因脱角、破碎而影响混凝土的质量。混凝土搅拌的最短时间见表4-1。

**混凝土搅拌的最短时间（s）** 表4-1

| 混凝土坍落度（mm） | 搅拌机机型 | 搅拌机出料量（L） | | |
| --- | --- | --- | --- | --- |
| | | <250 | 250~500 | >500 |
| ≤30 | 强制式 | 60 | 90 | 120 |
| | 自落式 | 90 | 120 | 150 |

| 混凝土坍落度（mm） | 搅拌机机型 | 搅拌机出料量（L） | | |
|---|---|---|---|---|
| | | <250 | 250～500 | >500 |
| >30 | 强制式 | 60 | 60 | 90 |
| | 自落式 | 90 | 90 | 120 |

注：1. 当掺有外加剂时，搅拌时间应适当延长；
　　2. 全轻混凝土、砂轻混凝土搅拌时间应延长 60～90s。

2. 投料顺序

常用的有一次投料法和两次投料法。一次投料法是在上料斗中先装石子、再加水泥和砂，然后一次投入搅拌机。对自落式搅拌机要在搅拌筒内先加部分水，投料时石子盖住水泥，水泥不致飞扬，且水泥和砂先进入搅拌筒形成水泥砂浆，可缩短包裹石子的时间。对立轴强制式搅拌机，因出料口在下部，不能先加水，应在投入原料的同时，缓慢均匀分散地加水。

两次投料法经过我国的研究和实践形成了"裹砂石法混凝土搅拌工艺"，它是在日本研究的造壳混凝土（简称 SEC 混凝土）的基础上结合我国的国情研究成功的，它分两次加水，两次搅拌。用这种工艺搅拌时，先将全部的石子、砂和 70％ 的拌合水倒入搅拌机，拌合 15s 使骨料湿润，再倒入全部水泥进行造壳搅拌 30s 左右，然后加入 30％ 的拌合水再进行糊化搅拌 60s 左右即完成。与普通搅拌工艺相比，用裹砂石法搅拌工艺可使混凝土强度提高 10％～20％，或节约水泥 5％～10％。在我国推广这种新工艺，有巨大的经济效益。此外，我国还对净浆法、净浆裹石法、裹砂法、先拌砂浆法等各种两次投料法进行了试验和研究。

对拌制好的混凝土，应经常检查其均匀性与和易性，如

图说混凝土工

有异常情况，应检查其配合比和搅拌情况，及时加以纠正。

预拌（商品）混凝土能保证混凝土的质量，节约材料，减少施工临时用地，实现文明施工，是今后的发展方向，国内一些大中城市已推广应用，不少城市已有相当的规模，有的城市已规定在一定范围内必须采用商品混凝土，不得现场拌制。

## 4.2 混凝土的运输

在混凝土输送工序中，应控制混凝土运至浇筑地点后，不离析、不分层、组成成分不发生变化，并能保证施工所必需的稠度。运送混凝土的容器和管道，应不吸水、不漏浆，并保证卸料及输送通畅。容器和管道在冬、夏时期都要有保温或隔热措施。

1. 输送时间

混凝土应以最少的转载次数和最短的时间，从搅拌地点运至浇筑地点。混凝土从搅拌机中卸出后到浇筑完毕的延续时间应符合表 4-2 的要求。

混凝土从搅拌机中卸出到浇筑完毕的延续时间　　表 4-2

| 气温 | 延续时间（min） | | | |
| | 采用搅拌车 | | 其他运输设备 | |
| | ≤C30 | >C30 | ≤C30 | >C30 |
| ≤25℃ | 120 | 90 | 90 | 75 |
| >25℃ | 90 | 60 | 60 | 45 |

注：掺有外加剂或采用快硬水泥时延续时间应通过试验确定。

2. 输送要求

运输过程中，应保持混凝土的均匀性，避免产生分层离析现象，混凝土运至浇筑地点，应符合浇筑时所规定的坍落度。运输工作应保证混凝土的浇筑工作连续进行；运送混凝土的容器应严密，其内壁应平整光洁，不吸水，不漏浆，黏附的混凝土残渣应经常清除。

3. 运输工具的选择

混凝土的运输可分为地面水平运输、垂直运输和楼面水平运输三种方式：

（1）地面水平运输。当采用商品混凝土或运距较远时，最好采用混凝土搅拌运输车（图 4-1）。该车在运输过程中搅拌筒可缓慢转动进行拌合，防止了混凝土的离析。当距离过远时，可事先装入干料，在到达浇筑现场前 15～20min 放入搅拌水，边行走边进行搅拌。如现场搅拌混凝土，可采用载重 1t 左右、容量为 400L 的小型机动翻斗车或手推车运输。运距较远、运量又较大时可采用皮带运输机或窄轨翻斗车。

混凝土搅拌运输车

图 4-1　混凝土搅拌运输车

（2）垂直运输。可采用塔式起重机、混凝土泵、快速提升斗和井架（图 4-2）。

塔式起重机

混凝土泵

图 4-2　垂直运输设备（一）

快速提升斗

图 4-2 垂直运输设备（二）

（3）混凝土楼面水平运输。多采用双轮手推车，塔式起重机亦可兼顾楼面水平运输，如用混凝土泵则可采用布料杆布料（图 4-3）。

混凝土布料杆

图 4-3 混凝土布料杆

4. 输送道路

（1）场内输送道路应尽量平坦，以减少运输时的振荡，避免造成混凝土分层离析。

（2）还应考虑布置环形回路，施工高峰时宜设专人管理指挥，以免车辆互相拥挤阻塞。

（3）临时架设的桥道要牢固，桥板接头必须平顺。

（4）浇筑基础时，可采用单向输送主道和单向输送支道的布置方式。

（5）浇筑柱子时，可采用来回输送主道和盲肠支道的布置方式。

（6）浇筑楼板时，可采用来回输送主道和单向输送支管道结合的布置方式。

（7）对于大型混凝土工程，还必须加强现场指挥和调度。

5. 输送质量要求

（1）混凝土运送至浇筑地点，如混凝土拌合物出现离析或分层现象，应对混凝土拌合物进行二次搅拌。

（2）混凝土运至浇筑地点时，应检测其稠度，所测稠度值应符合设计和施工要求。其允许偏差值应符合有关标准的规定。

（3）混凝土拌合物运至浇筑地点时的温度，最高不宜超过 35℃；最低不宜低于 5℃。

## 4.3  混凝土的浇筑

1. 混凝土浇筑与振捣的一般要求

（1）混凝土自吊斗口下落的自由倾落高度不得超过 2m，浇筑高度如超过 3m 时必须采取措施，用串桶或溜管等。

（2）浇筑混凝土时应分段分层连续进行，浇筑层高度应根据混凝土供应能力、一次浇筑方量、混凝土初凝时间、结构特点、钢筋疏密综合考虑决定，一般为振捣器作用部分长度的 1.25 倍。

（3）使用插入式振捣器（图 4-4）应快插慢拔，插点要均匀排列，逐点移动，顺序进行，不得遗漏，做到均匀振实。移动间距不大于振捣作用半径的 1.5 倍（一般为 30～40cm）。振捣上一层时应插入下一层 5～10cm，以使两层混凝土结合牢固。振捣时，振捣棒不得触及钢筋和模板。表面振动器（或称平板振动器）的移动间距，应保证振动器的平板覆盖已振实部分的边缘。

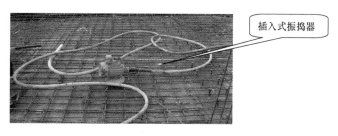

插入式振捣器

图 4-4　插入式振捣器

（4）浇筑混凝土应连续进行，如必须间歇，其间歇时间应尽量缩短，并应在前层混凝土初凝之前，将次层混凝土浇筑完毕。间歇的最长时间应按所用水泥品种、气温及混凝土凝结条件确定，一般超过 2h 应按施工缝处理（当混凝土凝结时间小于 2h 时，则应当执行混凝土的初凝时间）。

（5）浇筑混凝土时应经常观察模板、钢筋、预留孔洞、预埋件和插筋等有无移动、变形或堵塞情况，发现问题应立即处理，并应在已浇筑的混凝土初凝前休整完好。

2. 混凝土试块留置

（1）按照规范规定的试块取样要求做标养试块的取样。

（2）同条件试块的取样要分情况对待，拆模试块（1.2MPa，50％，75％设计强度，100％设计强度）；外挂架要求的试块（7.5MPa）。

3. 成品保护

（1）要保证钢筋和垫块的位置正确，不得踩楼板、楼梯的分布筋、弯起钢筋、不得碰动预埋件和插筋。在楼板上搭设浇筑混凝土使用浇筑的人行道，保证楼板钢筋的负弯矩钢筋的位置。

（2）不用重物冲击模板，不在梁或楼梯踏步侧模板上踩踏，应搭设跳板，保护模板的牢固和严密。

（3）已浇筑楼板，楼梯踏步的上表面混凝土要加以保护，必须在混凝土强度达到1.2MPa以后，方准在面上进行操作及安装结构用的支架和模板。

（4）在浇筑混凝土时，要对已经完成的成品进行保护，对浇筑上层混凝土时留下的水泥浆要派专人及时清理干净，洒落的混凝土也要随时清理干净。

（5）对阳角等易碰坏的地方，应当有保护措施。

（6）冬期施工在已浇筑的楼板上覆盖时，要在脚手板上操作，尽量不踏脚印。

4. 应注意的质量问题

（1）蜂窝：原因是混凝土一次下料过厚，振捣不实或漏浆，模板有缝隙使水泥浆流失，钢筋混凝土较密而混凝土坍落度过小或石子过大，柱、墙根部模板有缝隙，以致混凝土中的砂浆从下部涌出。

（2）露筋：原因是钢筋垫块位移、间距过大、漏放、钢筋紧贴模板，造成露筋，或梁、伴底部振捣不实，也可能出现露筋。

（3）孔洞：原因是钢筋较密的部位混凝土被卡，未经振捣就继续浇筑上层混凝土。

（4）缝隙与夹渣层：施工缝处杂物清理不净或未浇底浆振捣不实等原因，易造成缝隙、夹渣层。

（5）梁、柱连接处断面尺寸偏差过大：主要原因是柱接头模板刚度差、支撑不牢固或支此部位模板时未认真控制断面尺寸。

（6）现浇楼板面和楼梯踏步上表面平整度偏差太大：主要原因是混凝土浇筑后，表面不用抹子认真抹平。冬期施工在覆盖保温层时，上人过早或未垫板进行操作。

## 4.4 混凝土的养护

1.混凝土的养护基本要求

混凝土浇捣后，之所以能逐渐凝结硬化，主要是因为水泥水化作用的结果，而水化作用则需要适当的温度和湿度条件，因此为了保证混凝土有适宜的硬化条件，使其强度不断增长，必须对混凝土进行养护。混凝土的养护目的，一是创造各种条件使水泥充分水化，加速混凝土硬化；二是防止混凝土成型后暴晒、风吹、寒冷等条件而出现的不正常收缩、裂缝等破损现象。

混凝土养护法分为自然养护和加热仰浮两种，现浇混凝土在正常条件下通常采用自然养护。自然养护基本要求：在浇筑完成后，12h 以内应进行养护；混凝土强度未达到 C12 以前，严禁任何人在上面行走、安装模板支架，更不得作冲击性或上面任何劈打的操作。

2.养护工序

覆盖养护是最常用的保温保湿养护方法。主要措施是：应在初凝以后开始覆盖养护，在终凝后开始浇水（12h

后）覆盖物、麦杆、烂草席、竹帘、麻袋片、编织布等片状物。

浇水工具可以采用水管、水桶等工具保证混凝土的湿润度。

养护时间与构件项目、水泥品种和有无掺外加剂有关，常用的五种水泥正温条件下应不少与 7d；掺有外加剂或有抗渗、抗冻要求的项目，应不少与 14d。

# 第 5 章　常用构件混凝土的浇筑

## 5.1　基础混凝土浇筑

在地基上浇筑混凝土前，对地基应事先按设计标高和轴线进行校正，并应清除淤泥和杂物；同时注意排除开挖出来的水和开挖地点的流动水，以防冲刷新浇筑的混凝土。

1. 柱基础浇筑

（1）台阶式基础施工时，可按台阶分层一次浇筑完毕，不允许留设施工缝（图 5-1）。

可按台阶分层一次浇筑完毕，不允许留设施工缝

图 5-1　台阶式基础浇筑

（2）浇筑台阶式柱基时，为防止垂直交角处可能出现吊脚（上层台阶与下口混凝土脱空）现象，可采取如下措施：

1) 在第一级混凝土捣固下沉 2～3cm 后暂不填平，继续浇筑第二级，先用铁锹沿第二级模板底圈做成内外坡，然后再分层浇筑，外圈边坡的混凝土于第二级振捣过程中自动摊平，待第二级混凝土浇筑后，再将第一级混凝土齐模板顶边拍实抹平。

2) 振捣完第一级后拍平表面，在第二级模板外先压以 20cm×10cm 的压角混凝土并加以捣实后，再继续浇筑第二级。待压角混凝土接近初凝时，将其铲平重新搅拌利用。

3) 如条件许可，宜采用柱基流水作业方式，即顺序先浇一排柱基第一级混凝土，再回转依次浇筑第二级（图 5-2）。这样对已浇筑好的第一级将有一个下沉的时间，但必须保证每个柱基混凝土在初凝之前连续施工。

顺序先浇一排柱基第一级混凝土，再回转依次浇筑第二级

图 5-2　台阶式基础浇筑方法

（3）锥式基础，应注意斜坡部位混凝土的捣固质量，在振捣器振捣完毕后，用人工将斜坡表面拍平，使其符合设计要求（图 5-3）。

2. 条形基础浇筑

（1）浇筑前应根据混凝土基础顶面的标高在两侧木模上弹出标高线；如采用原槽土模时，应在基槽两侧的土壁上交

应注意斜坡部位混凝土的捣固质量，在振捣器振捣完毕后，用人工将斜坡表面拍平

图 5-3　锥式基础浇筑

错打入长 10cm 左右的标杆，并露出 2～3cm，标杆面与基础顶面标高平，标杆之间的距离约 3m 左右。

（2）根据基础深度宜分段分层连续浇筑混凝土，一般不留施工缝。各段层间应相互衔接，每段间浇筑长度控制在 2～3m 距离，做到逐段逐层呈阶梯形向前推进（图 5-4）。

各段层间应相互衔接，每段间浇筑长度控制在 2～3m 距离，做到逐段逐层呈阶梯形向前推进

图 5-4　条形基础浇筑

### 3. 大体积基础浇筑

（1）大体积混凝土基础的整体性要求高，一般要求混凝土连续浇筑，一气呵成。施工工艺上应做到分层浇筑，分层捣实，但又必须保证上下层混凝土在初凝之前结合好，不致形成施工缝（图5-5）。在特殊的情况下可以留有基础后浇带。

分层浇筑，分层捣实

上层混凝土必须在下层混凝土初凝前浇筑完成，避免形成施工缝

图 5-5　大体积混凝土浇筑

基础后浇带的浇筑，要求混凝土振捣密实，防止漏振，也避免过振（图5-6）。混凝土浇筑后，在硬化前1～2h，应抹压，以防沉降裂缝的产生。

后浇带的浇筑，要求混凝土振捣密实，防止漏振，也避免过振

图 5-6　基础后浇带混凝土浇筑

（2）浇筑方案

1）全面分层（图 5-7）

结构平面尺寸不大时，采用全面分层

图 5-7　全面分层浇筑

在整个基础内全面分层浇筑混凝土，要做到第一层全面浇筑完毕回来浇筑第二层时，第一层浇筑的混凝土还未初凝，如此逐层进行，直至浇筑好。这种方案适用于结构的平面尺寸不大，施工时从短边开始，沿长边进行较适宜。必要时亦可分为两段，从中间向两端或从两端向中间同时进行。

2）分段分层（图 5-8）

适宜于厚度不太大而面积或长度较大的结构。混凝土从底层开始浇筑，进行一定距离后回来浇筑第二层，如此依次向前浇筑以上各分层。

3）斜面分层（图 5-9）

适用于结构的长度超过厚度的三倍。振捣工作应从浇筑层的下端开始，逐渐上移，以保证混凝土施工质量。

（3）浇筑混凝土所采用的方法，应使混凝土浇筑时不发

厚度不太大而面积或长度较大时，采用分段分层

混凝土从底层开始浇筑，进行一定距离后回来浇筑第二层，如此依次向前浇筑以上各分层

图 5-8　分段分层浇筑

生离析现象。

混凝土自高处自由倾落高度超过 2m 时，应沿串筒、溜槽、溜管等下落，以保证混凝土不致发生离析现象（图 5-10）。

（4）雨期施工时，应采取搭设雨篷或分段搭雨篷的办法进行浇筑，一般均要事先做好防雨措施。

结构的长度超过厚度的三倍时采用斜面分层

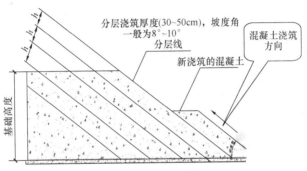

分层浇筑厚度(30~50cm)，坡度角一般为8°~10°

分层线

新浇筑的混凝土

混凝土浇筑方向

基础高度

图 5-9　斜面分层浇筑

混凝土自高处自由倾落高度不应超过2m

溜槽

图 5-10　溜槽

## 5.2 框架混凝土浇筑

1. 多层框架按分层分段施工，水平方向以结构平面的伸缩缝分段，垂直方向按结构层次分层。在每层中先浇筑柱，再浇筑梁、板。多层框架混凝土浇筑见图5-11。

每层中先浇筑柱，再浇筑梁、板

框架柱混凝土浇筑

图 5-11　多层框架混凝土浇筑

浇筑一排柱的顺序应从两端同时开始，向中间推进，以免因浇筑混凝土后由于模板吸水膨胀，断面增大而产生横向推力，最后使柱发生弯曲变形。

柱子浇筑宜在梁板模板安装后，钢筋未绑扎前进行，以便利用梁板模板稳定柱模和作为浇筑柱混凝土操作平台之用。

2.浇筑混凝土时应连续进行,如必须间歇时,按表 5-1 规定执行。

**混凝土运输、浇筑和间歇的时间(min)** **表 5-1**

| 混凝土强度等级 | 气温(℃) | |
|---|---|---|
| | ≤25 | >25 |
| ≤C30 | 210 | 180 |
| >C30 | 180 | 150 |

注:当混凝土中掺有促凝或缓凝型外加剂时,其允许时间应通过试验确定。

3.浇筑混凝土时,浇筑层的厚度不得超过表 5-2 的数值。

**混凝土浇筑层厚度(mm)** **表 5-2**

| 捣实混凝土的方法 | | 浇筑层的厚度 |
|---|---|---|
| 插入式振捣 | | 振捣器作用部分长度的 1.25 倍 |
| 表面振动 | | 200 |
| 人工捣固 | 在基础、无筋混凝土或配筋稀疏的结构中 | 250 |
| | 在梁、墙板、柱结构中 | 200 |
| | 在配筋密列的结构中 | 150 |
| 轻骨料混凝土 | 插入式振捣 | 300 |
| | 表面振动(振动时需加荷) | 200 |

4.混凝土浇筑过程中,要分批做坍落度试验(图 5-12)。

混凝土坍落度筒

图 5-12　混凝土坍落度试验

5. 混凝土浇筑过程中，要保证混凝土保护层厚度及钢筋位置的正确性（图 5-13）。不得踩踏钢筋，不得移动预埋件和预留孔洞的原来位置。特别要重视竖向结构的保护层和板、雨篷结构负弯矩钢筋的位置（图 5-14）。

剪力墙钢筋保护层垫块

图 5-13　剪力墙钢筋保护层垫块

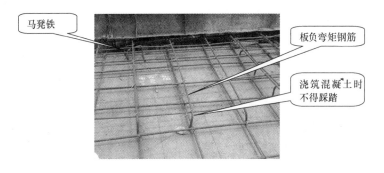

马凳铁

板负弯矩钢筋

浇筑混凝土时
不得踩踏

图 5-14　板负弯矩钢筋

6. 在竖向结构中浇筑混凝土时，应遵守下列规定：

（1）柱子应分段浇筑，边长大于 40cm 且无交叉箍筋时
（图 5-15），每段的高度不应大于 3.5m。

交叉箍筋

图 5-15　柱交叉箍筋

（2）采用竖向串筒导送混凝土时，竖向结构的浇筑高度
可不加限制。

凡断面在 40cm×40cm 以内，并有交叉箍筋时，应在柱
模侧面开不小于 30cm 高的门洞，装上斜溜槽分段浇筑，每

段高度不得超过 2m（图 5-16）。

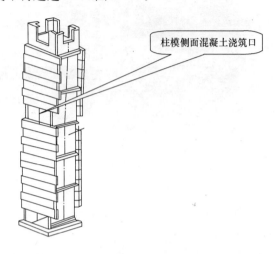

图 5-16　柱模板混凝土浇筑口

（3）分层施工开始浇筑上一层柱时，底部应先填以 5～10cm 厚水泥砂浆一层，其成分与浇筑混凝土内砂浆成分相同，以免底部产生蜂窝现象。

7．肋形楼板的梁板应同时浇筑，浇筑方法应先将梁根据高度分层浇捣成阶梯形，当达到板底位置时即与板的混凝土一起浇捣，随着阶梯形的不断延长，则可连续向前推进。倾倒混凝土的方向应与浇筑方向相反。浇筑方法示意见图 5-17。

当梁的高度大于 1m 时，允许单独浇筑，施工缝可留在距板底面以下 2～3cm 处（图 5-18）。

8．浇筑无梁楼盖时，在离柱帽下 5cm 处暂停，然后分层浇筑柱帽，下料必须倒在柱帽中心，待混凝土接近楼板底面时，即可连同楼板一起浇筑。

先分层浇筑梁混凝土

当梁混凝土达到板底位置时即与板的混凝土一起浇筑

倾倒混凝土的方向应与浇筑方向相反

图 5-17 梁板同时浇筑方法示意

当梁的高度大于1m时，允许单独浇筑，施工缝可留在距板底面以下2～3cm处

图 5-18 梁高大于1m时混凝土浇筑示意

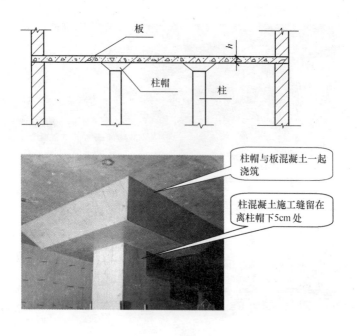

图 5-19 无梁楼板浇筑

9. 当浇筑柱梁及主次梁交叉处的混凝土时，一般钢筋较密集，特别是上部负钢筋又粗又多，因此，既要防止混凝土下料困难，又要注意砂浆挡住石子不下去。必要时，这一部分可改用细石混凝土进行浇筑，与此同时，振捣棒头可改用片式并辅以人工捣固配合。

10. 梁板施工缝可采用企口缝或垂直立缝的做法，不宜留坡缝。

在预定留施工缝的地方，在板上按板厚放一木条，在梁上闸以木板，其中间要留切口通过钢筋。

主次梁交接处可改用细石混凝土进行浇筑，与此同时，振捣棒头可改用片式并辅以人工捣固配合

图 5-20　主次梁节点混凝土浇筑

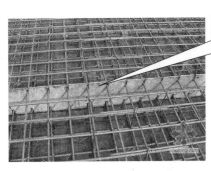

板上按板厚放一木条，在梁上闸以木板，其中间要留切口通过钢筋

图 5-21　板施工缝

## 5.3　剪力墙混凝土浇筑

剪力墙混凝土浇筑见图 5-22、图 5-23。

1. 剪力墙浇筑应采取长条流水作业，分段浇筑，均匀上升。

2. 墙体浇筑混凝土前或新浇筑混凝土与下层混凝土结合处，应在底面上均匀浇筑 5cm 厚与墙体混凝土成分相同

先在底面上均匀浇筑5cm厚与墙体混凝土成分相同的水泥砂浆或减石子混凝土

混凝土应分层浇筑振捣，每层浇筑厚度控制在60cm左右

混凝土应连续浇筑，前层混凝土初凝前将次层混凝土浇筑完毕

图 5-22　剪力墙混凝土浇筑

混凝土浇筑完毕后，用木抹子按标高线将墙上表面混凝土找平

图 5-23　墙上表面混凝土施工

的水泥砂浆或减石子混凝土。

3. 砂浆或混凝土应用铁锹入模，不应用料斗直接灌入模内，混凝土应分层浇筑振捣，每层浇筑厚度控制在 60cm左右。

4. 浇筑墙体混凝土应连续进行，如必须间歇，其间歇时间应尽量缩短，并应在前层混凝土初凝前将次层混凝土浇筑完毕。

5. 墙体混凝土施工缝一般宜设在门窗洞口上，接槎处混凝土应加强振捣，保证接槎严密。

6. 洞口浇筑混凝土时，应使洞口两侧混凝土高度大体一致。振捣时，振捣棒应距离洞边 30cm 以上，从两侧同时振捣，以防止洞口变形，大洞口下部模板应开口并补充振捣。

7. 混凝土浇筑完毕后，将上口甩出的钢筋加以整理，用木抹子按标高线将墙上表面混凝土找平。

8. 混凝土浇捣过程中，不可随意挪动钢筋，要加强检查钢筋保护层厚度及所有预埋件的牢固程度和位置的准确性。

9. 墙应分段浇筑，每段的高度不应大于 3m。

# 第6章 混凝土工程检查与管理

## 6.1 质量验收

混凝土分项工程是从水泥、砂、石、水、外加剂、矿物掺合料等原材料进场检验、混凝土配合比设计及称量、拌制、运输、浇筑、养护、试件制作直至混凝土达到预定强度等一系列技术工作和完成实体的总称。

1. 水泥进场时应对其品种、级别、包装或散装仓号、出厂日期等进行检查，并应对其强度、安定性及其他必要的性能指标进行复验，其质量必须符合现行国家标准《硅酸盐水泥、普通硅酸盐水泥》GB 175。当在使用中对水泥质量有怀疑或水泥出厂超过三个月（快硬硅酸盐水泥超过一个月）时，应进行复验，并按复验结果使用。钢筋混凝土结构、预应力混凝土结构中，严禁使用含氯化物的水泥。

2. 混凝土中掺用外加剂的质量及应用技术应符合现行国家标准《混凝土外加剂》GB 8076、《混凝土外加剂应用技术规范》GB 50119 等和有关环境保护的规定。预应力混凝土结构中，严禁使用含氯化物的外加剂。钢筋混凝土结构中，当使用含氯化物的外加剂时，混凝土中氯化物的总含量应符合现行国家标准《混凝土质量控制标准》GB 50164 的规定。

3. 混凝土中氯化物和碱的总含量应符合现行国家标准《混凝土结构设计规范》GB 50010 和设计的要求。

4. 混凝土中掺用矿物掺合料的质量应符合现行国家标准《用于水泥和混凝土中的粉煤灰》GB/T 1596 等的规定。矿物掺合料的掺量应通过试验确定。

5. 普通混凝土所用的粗、细骨料的质量应符合国家现行标准《普通混凝土用砂质量标准及检验方法》JGJ 52 规定。

6. 拌制混凝土宜采用饮用水；当采用其他水源时，水质应符合国家现行标准《混凝土拌合用水标准》JGJ 63 的规定。

7. 混凝土应按国家现行标准《普通混凝土配合比设计规程》JGJ 55 的有关规定，根据混凝土强度等级、耐久性和工作性等要求进行配合比设计。

8. 首次使用的混凝土配合比应进行开盘鉴定，其工作性应满足设计配合比的要求。开始生产时应至少留置一组标准养护试块，作为验证配合比的依据。

9. 混凝土拌制前，应测定砂、石含水率并根据测试结果调整材料用量，提出施工配合比。

10. 结构混凝土的强度等级必须符合设计要求。用于检查结构构件混凝土强度的试件，应在混凝土的浇筑地点随机抽取。

11. 混凝土运输、浇筑及间歇的全部时间不应超过混凝土的初凝时间。同一施工段的混凝土应连续浇筑，并应在底层混凝土初凝之前将上一层混凝土浇筑完毕。当底层混凝土初凝后浇筑上一层混凝土时，应按施工技术方案中对施工缝的要求进行处理。

12. 施工缝的位置应在混凝土浇筑前按设计要求和施工技术方案确定。施工缝的处理应按施工技术方案执行。

13. 混凝土浇筑完毕后，应按施工技术方案及时采取有效的养护措施，并应符合下列规定：

（1）应在浇筑完毕后的 12h 以内对混凝土加以覆盖并保湿养护；

（2）混凝土浇水养护的时间：对采用硅酸盐水泥、普通硅酸盐水泥或矿渣硅酸盐水泥拌制的混凝土，不得少于 7d；对掺用缓凝型外加剂或有抗渗要求的混凝土，不得少于 14d；

（3）浇水次数应能保持混凝土处于湿润状态；混凝土养护用水应与拌制用水相同；

（4）采用塑料布覆盖养护的混凝土，其敞露的全部表面应覆盖严密，并应保持塑料面布内有凝结水；

（5）混凝土强度达到 $1.2N/mm^2$ 前，不得在其上踩踏或安装模板及支架。

注：a. 当日平均气温低于 5℃ 时，不得浇水；

　　b. 当采用其他品种水泥时，混凝土的养护时间应根据所采用水泥的技术性能确定；

　　c. 混凝土表面不便浇水或使用塑料布时，宜涂刷养护剂；

　　d. 对大体积混凝土的养护，应根据气候条件按施工技术方案采取控温措施。

## 6.2　现　场　管　理

1. 设备及商品混凝土管理

（1）定期对设备进行维护保养，确保设备不"带病工作"。

（2）严格按照机械设备安全使用的规章制度操作，避免发生事故。

（3）商品混凝土进场后应按规定取样做试块。

（4）商品混凝土进场后应检查开盘鉴定、混凝土坍落度、运输时间等内容，不符合要求的混凝土坚决不许使用。

2. 成品保护管理

（1）现场成立成品保护小组，制定合理有效的成品保护制度。

（2）混凝土浇筑完毕后未达到 1.2MPa 前不得上人踩踏。

（3）模板拆除时，混凝土应达到相应的强度要求。

（4）混凝土浇筑前做好防雨措施。

（5）楼板上不要集中堆放材料及构配件。

3. 安全管理

（1）在进行混凝土施工前，应仔细检查脚手架、工作台和马道是否绑扎牢固，如有空头板应及时搭好，脚手架应设保护栏杆。运输马道宽度：单行道应比手推车的宽度大400mm 以上；双行道应比两车宽度大 700mm 以上。

（2）搅拌机、卷扬机、皮带运输机和振动器等接电要安全可靠，绝缘接地装置良好，并应进行试运转。搅拌台上操作人员应戴口罩；搬运水泥公认应戴口罩和手套，有风时戴好防风眼镜。

（3）搅拌机应由专人操作，中途发生故障时，应立即切断电源，进行修理；混凝土搅拌机在运行中，任何人不得将工具伸入筒内清料，其机械传动外露装置应加保护罩。进料斗升起时，严禁任何人在料斗下通过或停留。搅拌机停用时，升起的料斗应插上安全插销，或挂上保险链。

（4）在深基础槽中打灰土、混凝土时，不得随意去掉土壁的支撑，防止塌方砸人。在沟槽内回填土，灌注混凝土时，先要检查槽壁是否有裂缝，发现隐患要及时处理。

（5）用料斗吊运混凝土时，要与信号工密切配合好，在料斗接近下料位置时，下降速度要慢，须稳住料斗，防止料斗碰人、挤人。

（6）采用井字架和拔杆运输时，应设专人指挥；井字架上卸料人员不能将头或脚伸入井字架内，起吊时禁止在拔杆下站人。

（7）用手推车在运输混凝土时，要随时注意防止撞人、挤人，平地运输时，两车距离不小于 2m，在斜坡上不小于 10m。向基坑或料斗倒混凝土，应有挡车措施，不得用力过猛和撒把。

（8）振动器操作人员振捣混凝土时必须穿胶鞋和戴绝缘手套，湿手不得接触开关，电源线不得有破皮漏电，电线要架空，开关要有人监护；振动器必须设专门防护性接地导线，避免火线漏电发生危险，如发生故障应立即切断电源修理。

（9）在高空尤其是在外墙边缘操作时，应预先检查防护栏杆是否安全可靠，发现问题及时处理后，再进行操作。

（10）浇混凝土使用的溜槽及串筒节间必须连接牢固。操作部位应有护身栏杆，不准直接站在溜槽边上操作；浇筑框架、梁、柱混凝土应设操作台，不得直接站在模板或支撑上操作；浇捣拱形结构，应自两边拱脚对称同时进行；浇圈梁、雨篷、阳台，应采取防护措施；浇捣料仓，下口应先封闭，并铺设临时脚手架，以防人员坠落。

（11）夜间施工时应设足够的照明，现场照明灯具的架设高度要符合有关安全规程的要求，不低于 2.5m。

（12）现场各种易燃材料要分区专库存放，现场各种消防器材齐备，性能良好。

（13）溜槽操作平台要有安全措施，搭设完毕后，要经检验，验收合格后方可使用。

## 6.3　文明施工和环境保护常识

1. 施工现场设置明显的标牌。标牌要标明工程项目名称、建设单位、施工单位、设计单位、项目经理和开竣工日期。

2. 合理进行施工现场的平面布置，并利用计算机进行管理。按照施工总平面布置图堆放各类材料，不的侵占场内道路及安全防护措施。

3. 施工现场厕所、施工道路要有专人负责清扫。

4. 实行逐级防火责任制，成立义务消防队，组织经常性的业务学习和消防演习，现场要配备足够的各种消防器材。

5. 合理安全作业时间，在夜间振捣混凝土时，尽量避免发生扰民的情况出现。

6. 现场管理人员要佩戴统一的出入证。

7. 各项施工任务做到工完场清。

8. 运输散装材料，车厢要封闭，避免洒落；混凝土罐车撤离现场前，派人用水将下料斗及车身冲洗干净。

9. 夜间灯光集中照射，避免灯光扰民。

# 参 考 文 献

1. 余仁国，马永超．混凝土工．北京：中国环境科学出版社，2003．
2. 北京建工集团总公司．建筑分项工程施工工艺标准(第二版)．北京：中国建筑工业出版社，1997．
3. 本书编委会建筑施工手册(第四版)．北京：中国建筑工业出版社，2003．
4. 杨和礼．土木工程施工．北京：武汉大学出版社，2003．
5. 中华人民共和国建设部．混凝土工职业技能标准、职业技能岗位鉴定规范．北京：中国建筑工业出版社，2005．
6. 中国建筑科学研究院．混凝土结构工程施工质量验收规范 GB 50204—2002．北京：中国建筑工业出版社，2002．